LE TEMPS DE
LA GRANDE MUTATION COSMIQUE
EST ARRIVÉ

Micro-édition : **CONCEPT ÉDITIQUE**
St-Didace (514) 835-3968

Impression : **Imprimerie Ginette Nault
et Daniel Beaucaire**
St-Félix de Valois (514) 889-2140

ISBN 2-920767-06-2

Dépôt légal : 2e trimestre 1994

Bibliothèque Nationale du Québec
Bibliothèque Nationale du Canada
Bibliothèque Nationale de Paris
Library of Congress, Washington, D.C.

Channeling : **La Messagère MANÃ**
Maryse Moreau

Instructeur
Transcripteur : MAITREYA II
Gilles Aussant

ÉDITIONS GILLES AUSSANT
7255, route 347
St-Damien-de-Brandon (Québec) Canada
J0K 2E0
téléphone : (514) 835-2131

Table des matières

DÉDICACE

NOUS DÉDIONS CE LIVRE À CELLES ET À CEUX QUI RESTERONT DEBOUT DURANT LE GRAND NETTOYAGE, ET, NOUS LEUR DISONS :

N'AYEZ PAS PEUR, ET COMPRENEZ SIMPLEMENT QUE TOUT CELA DEVAIT ÊTRE NÉCESSAIRE POUR QU'UN MONDE MEILLEUR NAISSE ET POUR QUE LA TERRE APPARTIENNE ENFIN AUX TERRIENS QUI DEPUIS SI LONGTEMPS ATTENDENT LEUR LIBÉRATION.
VOUS ÊTES DIVINEMENT PROTÉGÉS...

MANÃ
MAITREYA II

INTRODUCTION

LE TEMPS DE LA GRANDE MUTATION
COSMIQUE EST ARRIVÉ...

L'ANCIENNE TERRE EXPIRE...

7 ÉNERGIES INFUSENT NOTRE MONDE...

CHAQUE ATOME EST MODIFIÉ PAR
L'ÉNERGIE DE CES 7 RAYONS...

C'EST LA MORT D'UN MONDE EN
DÉCADENCE ET LA NAISSANCE D'UN
AUTRE QUI SE POINTE À L'HORIZON DE
L'AN 2000...

CE MONDE-LÀ EST ENFIN CELUI QUE
VOUS ATTENDIEZ ET QUE NOUS ALLONS
ÉDIFIER NOUS-MÊMES, TOUTES ET TOUS
ENSEMBLE...

CHAPITRE I

QU'ARRIVERA-T-IL D'ICI L'AN 2000 (+ ou −) ?

L'ANCIENNE TERRE expire...

LES ÉLÉMENTS DE LA NATURE se déchaîneront de plus en plus...

Les plaques tectoniques s'entrechoquent et créeront des tremblements de terre de plus en plus violents... des glissements de terrains...

Le magma terrestre est compressé et les irruptions volcaniques se succéderont à un rythme jamais vu encore...

Tornades, typhons, cyclones, raz-de-marée, ouragans, nettoieront tout sur leur passage...

Les vents seront si violents, que la terre, à certains endroits, sera décapée jusqu'au roc... des vents qui souffleront à la vitesse du son... ce qui peut sembler presque physiquement impossible...

Les continents ont commencé à dériver, à se déplacer; certains baissent et s'enfouissent, d'autres remontent...

Les mers se déplacent, l'eau monte...

L'effet de serre provoque la fonte des glaciers et, par conséquent, de plus grandes étendues d'eau. Partout, les inondations iront en augmentant. À plusieurs endroits, on ne parlera même plus d'états d'urgence ou de zones sinistrées, il n'y aura tout simplement plus rien...

Les climats seront complètement bouleversés...

Nous allons assister à la libération de toutes les énergies : les bonnes comme les mauvaises...

Il y aura recrudescence de maladies respiratoires... de nouvelles maladies, de nouveaux virus, des épidémies de toutes sortes feront rage...

Nous assisterons à la révolte contre l'oppression, la domination, la possession, et ce sera la victoire de la liberté...

Nous serons témoins de la chute de toutes les religions, de tous les régimes politiques, de toutes les institutions financières, bref, de la faillite mondiale...

Les Signes Annonciateurs de la fin d'un monde y sont tous, et il ne restera de tout ce qui vit que LE TIERS :

LE TIERS DES HUMAINS...

LE TIERS DES ANIMAUX...

LE TIERS DE LA VÉGÉTATION...

Les temps seront très durs pour les Grandes Puissances...

Des temps très difficiles s'annoncent pour la Race Jaune et Noire : d'abord pour le Japon, puis pour la Chine, et enfin pour l'Afrique. Les événements vont se succéder à un rythme assez trépident; ça ne lâchera pas... Et partout sur le Globe, la terre, l'eau, l'air et le feu seront imprévisibles.

CHAPITRE II

LES ENFANTS DU VERSEAU... DU « MARK AGE »

Les ENFANTS DU VERSEAU, du « MARK AGE », ce sont NOUS...

CEUX qui se préparent et nos enfants qui « embarquent » avec nous...

Ce sont, aussi, ceux qui font la même chose ailleurs, et qui attendent avec espérance, amour et persévérance « LE TEMPS QUI VIENT », LE NOUVEAU MONDE :

> « HEUREUX CELLES ET CEUX
> QUI ONT SOIF D'UN MONDE MEILLEUR,
> CAR ILS SERONT RASSASIÉS... »

C'est une vie nouvelle qui recommence bientôt, un monde nouveau qui, cette fois, doit recommencer sur une bonne base...

« L'HUMAIN comprend vite quand on lui explique longtemps... » C'est la 5e fois que le monde recommence et, cette fois, le 6e Monde, la 6e Race, la Race de l'Illumination, de la Lumière, de la Sagesse, de la Connaissance, de l'Amour, de la Liberté et du Partage, est bien déterminé à ne pas recommettre les mêmes erreurs encore une fois...

« LES ENFANTS DU VERSEAU, DE L'ÂGE DE LA MARQUE (« MARK AGE »), LA RACE DES STAR BORN, CE SONT LES ÉLUS, LES CHOISIS, LES HOMMES ET LES FEMMES DE BONNE VOLONTÉ QUI RESTERONT... »

CHAPITRE III

AVEC QUI ET COMMENT COMMENCERA LA 6ᵉ RACE ?

AVEC LE TIERS qui aura survécu et qui se regroupera partout à travers le monde...

AVEC LES HOMMES ET LES FEMMES DE BONNE VOLONTÉ, LES ÉLUS de qui il est écrit qu'« IL NE SERA FAIT DE MAL À AUCUN CHEVEU DE LEUR TÊTE... »,

AVEC LES CHOISIS : « Deux Frères seront au champ, L'UN sera pris, l'autre laissé... »...

AVEC NOS ENFANTS DE BONNE VOLONTÉ aussi, évidemment...

AVEC TOUS LES STAR BORN...

CHAPITRE IV

QUE SERA LA RACE DE LA LUMIÈRE ?

LA RACE DE LA LUMIÈRE sera composée de celles et de ceux qui auront développé leurs nouvelles facultés, leurs nouveaux pouvoirs, ou plutôt, qui les auront retrouvés et réutilisés pour le mieux-être de la collectivité. Suite à leur mutation cellulaire, ils auront développé leur conscience cellulaire... ils posséderont une sensitivité accrue... leurs vibrations seront plus élevées et plus subtiles, ce qui leur permettra, entre autres, une très grande longévité et, également, le passage de la 3e à la 4e dimension...

Ils seront devenus DES ÊTRES SPIRITUELS CAPABLES DE VIVRE L'ASCENSION...

Maux de tête, vertiges, étourdissements, sommeil raccourci, seront de brefs indices de cette mutation... Ça ne durera pas longtemps... Et d'autres indices ou manifestations préliminaires de la présence d'Êtres de Lumière ou de la présence d'Extra-Terrestres se remarqueront ainsi : vous pourrez voir des *spots* de Lumière, des *flashes*, des points lumineux... et aussi, entendre des sons... des voix... de la musique... et de même, vous verrez apparaître de plus en plus de vaisseaux dans le ciel et sur la terre...

CHAPITRE V

QUE SONT LES QUÉBÉCOIS DANS TOUT ÇA ?

De façon générale, les Québécois et les Québécoises seront des Hôtes et des Hôtesses pour accueillir les Humains de toutes provenances, toutes et tous guidés ici, au Québec, par **LE MÊME ESPRIT**...

De façon particulière, Moi, **MAITREYA II**, je suis « INSTRUCTEUR » sous la Gouverne de **MAITREYA**; et **MANÃ**, MÉDIUM, en est « UNE DIVINE MESSAGÈRE »... **MAITREYA** est NOTRE GUIDE, NOTRE MAÎTRE À TOUS LES DEUX...

Bientôt, le Québec verra sur son sol, Les 12 CHEFS des 12 TRIBUS D'ISRAËL, i.e. le retour des 12 APÔTRES qui sont sur le point de se remanifester. Certains « PSEUDOS » SERONT CONFONDUS...

Comment faire pour distinguer le BON, le VÉRITABLE ÊTRE DE LUMIÈRE, des mauvais, des faux ?

2 FAÇONS :

1e : « Tu reconnaîtras l'Arbre à ses Fruits... » Si tu veux savoir « qui Il est », regarde ce qu'Il pense, ce qu'Il dit et ce qu'Il fait. Est-ce Divin ?

2e : Une Question Divine et Irrésistible : « AS-TU LA CONSCIENCE CHRISTIQUE, ES-TU CONNECTÉ À LA SOURCE DIVINE ? »

Les êtres maléfiques ne pourront pas supporter
les vibrations contenues dans cette question et
disparaîtront rapidement...

CHAPITRE VI

SERONS-NOUS AIDÉS ?

Oui! nous serons aidés, mais, pas tout de suite...

Nous serons aidés par des Extra-Terrestres, venus de partout, qui nous apporteront de l'aide dans tous les domaines : « domaines médical, scientifique, mental, psychique, spirituel... »...

En 2012 environ, il sera déjà possible d'explorer le COSMOS...

En 2023, des choix s'offriront à Nous pour évoluer encore plus vite...

CHAPITRE VII

QUE FAUT-IL FAIRE POUR ÊTRE PRÉPARÉ(E) EN CONSÉQUENCE ?

Premièrement, être sur un terrain solide, de préférence : « Fuyez vers les Hauts Plateaux... vers les Montagnes... »

Prévoyez ce qu'il faut pour passer des hivers durs, et même, deux – trois années difficiles...

Ayez la sagesse de vous assurer que vous continuerez d'avoir de la bonne eau; prenez tous les moyens pour avoir cette assurance. L'eau, c'est vital... Si vous avez un puits, est-ce que vous pouvez quand même avoir de l'eau si l'électricité manque (car elle manquera); et pourrez-vous facilement en avoir pendant l'hiver ?

Ayez la sagesse de faire comme certains animaux qui se mettent de la nourriture de côté pour de très longues périodes...

Prévoyez un chauffage de rechange qui ne nécessite pas l'apport de l'électricité (car, encore une fois, elle manquera, et souvent, et même possiblement pour de longues périodes...). Vous n'avez pas le choix d'ici à ce que le chauffage ne représente plus une contribution à la pollution...

Stockez des graines de toutes les sortes et de tous les pays si vous le pouvez, car vous ne savez pas encore ce qui poussera après le Grand Nettoyage... Ces graines serviront à la survie de leur espèce et, germées, elles vous serviront de « nourriture de vie... »

Chose certaine, la végétation sera considérablement modifiée...

Informez tout le monde de cela, même s'il y en a qui riront; ils auront eu, eux aussi, leur chance...

Côté monétaire, défaites-vous tout de suite de tout ce qui pourrait vous entraîner dans la chute monétaire mondiale, et faites vos placements, REERs, etc., au même endroit où vous avez emprunté. De cette façon, si l'argent vient qu'à ne plus rien valoir, vous ne devrez plus rien... ça s'équivaudra...

Achetez-vous de la terre en Régions Protégées...

CHAPITRE VIII

LES 12 RÉGIONS PROTÉGÉES AU QUÉBEC

LE QUÉBEC est en majeure partie protégé, mais 12 grandes régions le sont plus particulièrement.

1 – ABITIBI (Amos, Rouyn-Noranda, Val d'Or, etc.)

2 – AMIANTE (Asbestos, Black Lake, Thetford Mines, etc.)

3 – CENTRE DU QUÉBEC (Bois-Francs : Arthabaska, Victoriaville, Warwick, Plessisville, Princeville, Drummondville, etc.)

4 – LA CHAUDIÈRE (Région de la Beauce) Choisir les endroits élevés...

5 – CÔTE NORD (Fermont, Gagnon, Shefferville, Wabush, etc.)

6 – ESTRIE (choisir les endroits élevés : Bromont, Orford, etc.)

7 – GASPÉSIE (dans sa partie la plus haute)...

8 – HAUTE MAURICIE ET LAC ST-JEAN...

9 – LANAUDIÈRE (St-Jean-de-Matha, St-Côme, Ste-Émilie-de-l'Énergie, St-Zénon, St-Michel-des-Saints, St-Damien, St-Charles-de-Mandeville, St-Didace, etc.)

10 – LAURENTIDES (toute la Chaîne de façon générale)...

11 – QUÉBEC (choisir les endroits élevés : Mont Ste-Anne, Charlesbourg, Valcartier, Québec ouest, Val-Bélair, etc.)

12 – TÉMISCAMINGUE...

DE FAÇON GÉNÉRALE
(POUR LES GENS DU QUÉBEC) :

1 – Éviter la proximité des cours d'eau...

2 – Éviter les villes ou villages construits au-dessus des mines ou des tunnels sous la terre...

3 – Éviter la proximité des centrales nucléaires...

4 – Éviter l'entonnoir en provenance des États de New-York et du Vermont en direction de Montréal jusqu'à Joliette et Sorel...

5 – Éviter la Frontière Américaine

6 – Éviter la Basse Frontière Ontarienne...

7 – Éviter LE GRAND NORD...

8 – Éviter Montréal et Banlieues...

9 – Choisir de préférence des endroits à partir de 600 pieds (200 mètres), et plus, au-dessus du niveau de la mer...

CHAPITRE IX

LA NOUVELLE NUTRITION

En collaboration avec l'ARCHANGE GABRIEL, MAITREYA nous invite à nous adapter immédiatement à notre nouvelle nutrition :

« • Il faut changer vos habitudes alimentaires...

- Ça vous prend une nourriture plus vibrante pour aider vos vibrations à s'élever... pour aider votre mutation cellulaire...

- Les aliments morts entraînent la mort... les aliments vivants engendrent la vie...

- Il faut donc commencer tout de suite à manger des germes, des graines, des céréales... et, il faut aussi y aller très progressivement, car, c'est une nourriture très basse en calories, mais, très très énergisée... et il faut laisser votre métabolisme s'habituer...

- Vos cellules doivent devenir moitié physique – moitié énergie, avant les grands bouleversements.

- La Médecine sera complètement transformée...

- Il va sans dire que « les médecines douces » vont devenir de plus en plus la nouvelle médecine, car il va être question :
    - d'équilibrer les énergies...
    - de procéder à des transferts d'énergie...
    - d'autogérer et d'autogénérer sa propre énergie... »

CHAPITRE X

PLEIN DE CHANGEMENTS ET DE TRANSFORMATIONS

La mutation de notre être, moitié physique — moitié énergie, va faire qu'on va dégager de la Lumière... on va être plus lumineux... on va être rayonnant et on va se reconnaître entre nous.

« Ceux dont la mutation ne se sera pas faite ne verront rien de tout ça, pas plus qu'un aveugle qui marche dans la noirceur... » dit **MAITREYA**...

En ne faisant rien pour accélérer cette mutation de leur Être, c'est comme s'ils se mettaient les mains sur les yeux...

Il faut changer sa nouvelle façon de penser...

- Se voir Lumineux...

- Voir les autres Lumineux...

- Voir et sentir l'énergie, par exemple, au bout de ses doigts...

- Visualiser l'énergie qui sort de nos yeux quand on regarde quelqu'un... la remplir d'amour, cette énergie...

- À ce moment-là, on va être capable aussi de voir la Lumière qui sort des yeux de l'autre...

- Comment activer la Transmutation de son Être :

  - <u>En retrouvant son pouvoir créateur.</u> En créant le beau, le bien, le bon, on aide nos cellules à opérer cette mutation...

  - En s'unissant au Grand Un, nos cellules élèvent leurs vibrations... elles deviennent plus subtiles...

CHAPITRE XI

RECHERCHER SON POIDS-SANTÉ ET RESPIRER MIEUX

- Il faut se hâter d'atteindre son poids-santé :

  - Pour les personnes qui ont un poids trop élevé, il faut diminuer son poids...

  - Ne pas trop manger...

  - Manger selon la nouvelle nutrition de vie...

  - Chez les personnes trop grosses, les graisses ont été accumulées en étant chargées de bas astral, c'est-à-dire, peines, peurs, angoisses, solitude, insécurité, sentiments de vide vibratoire, carences affectives, etc. Ceci a eu pour effet de retenir ou de retarder l'élévation vibratoire des cellules...

  - Chez la personne qui va avoir changé sa nutrition pour la nutrition de vie, les battements de cœur vont être plus lents... le rythme respiratoire aussi... donc : moins besoin d'oxygène. Plus nos cellules sont subtiles, plus nous sommes « Énergie »; plus nos vibrations sont élevées, moins nous avons besoin d'oxygène... Est-ce qu'un Esprit a besoin d'oxygène ?

- En dépit de ce qui vient d'être dit, nous allons apprendre à respirer :

  - inspirer les énergies subtiles...

  - expirer la lourdeur et les basses vibrations de son Être en les inversant (on programme son souffle à cet effet)...

Malgré toute l'eau qui envahira les terres, il y aura, à plusieurs points du globe, des sécheresses, des feux, des incendies, de très gros feux... feux de forêt, au Brésil, et à plusieurs autres endroits...

L'air va devenir de plus en plus rare, et, ceux et celles qui n'auront pas changé leur nutrition vont développer de graves troubles respiratoires; les moins touchés vont respirer comme dans les grosses chaleurs humides...

CHAPITRE XII

LES NOUVELLES ÉNERGIES ET « LE GRAND UN »...

« Les récentes Énergies de la **Porte 11 : 11** combinées aux Nouvelles Énergies qui balayent maintenant votre Monde sont venues vous aider », dit **MAITREYA**...

Elles nous enseignent par l'Esprit... Elles nous donnent l'Esprit Positif... On comprend mieux... On a « plus de motivation » pour opérer un changement...

Aussi, il faut réaliser « Le Grand Un » entre nous... sur Terre, dès maintenant :
- En se regroupant...
- En se faisant confiance entre Nous « STAR BORN », entre Nous, les Élus(ues)...
- En partageant les Enseignements que chacun et chacune a reçus de son côté...
- En faisant une Grande Famille...
- En voyant les autres en frères et en sœurs...
- En se regroupant occasionnellement pour partager...
- En communiquant...
- En consolidant les liens entre nous...
- Il faut partager aussi ce que l'on est...
- On a toutes et tous une partie de la Vérité en Nous...

Il faut partager les choses de chaque jour et particulièrement celles qui nous font vibrer ou qui nous ont émerveillées :

Ex. : l'enseignement qu'un enfant peut nous apporter. Prenons l'exemple d'un enfant qui s'est fait mal :
- il est tombé
- personne ne l'a vu...
- il se frotte...
- il continue...
- il a envie de jouer...
- il a envie de vivre... de s'amuser...
  c'est un exemple de force...
- il passe par-dessus ce qui vient de lui arriver...

- Il faut parler
  de ce qui nous a fait du bien...
  de ce qui nous a fait sourire;
ne plus parler du mal qui a pu nous arriver ou des choses désagréables...

- Pendant que les événements négatifs vont arriver, nous allons ne nous arrêter qu'à ce qui est positif, lumineux, vibrant... qu'au beau... qu'au bien... qu'au bon...

CHAPITRE XIII

LA MUTATION ET LES ONDES ALPHA

Pour celles et ceux dont la mutation va avoir commencé, nous allons de plus en plus vivre au niveau des ondes Alpha..., c'est-à-dire, comme quand on est, en état de sommeil ou en état d'hypnose...

- et ça veut dire :
  battements de cœur diminués...
  rythme respiratoire lent, plus lent...

- ça veut dire :
  diminution jusqu'à disparition totale du stress négatif, destructeur...

- longévité accrue, et en excellente santé...

- ça veut dire que les événements négatifs ne seront pas vus du même œil par celles et ceux qui vont vivre en alpha...
  Celles et ceux qui vont vivre en bêta vont paniquer, s'affoler devant les événements...

- Celles et ceux qui sont en alpha vont être au-dessus de ça; ils vont comme diriger un rêve conscient au niveau des illusions...
  Celles et ceux qui vivent en bêta vont être les victimes d'un cauchemar de plus en plus hallucinant, et ça, devant les mêmes événements...

- Quand tu sais d'avance ce qu'il y a dans l'initiation que tu vas vivre, tu y vas confiant et sécure; tandis que pour celle ou pour celui qui ne sait pas pourquoi il vit tout ça et qui ne sait pas ce qui vient, ça équivaut à une mort lente vécue dans l'angoisse... dans une angoisse de plus en plus profonde, d'où : suicides, meurtres, actes de violence incontrôlés, démence imprévisible, désordres de toutes sortes chez les êtres, individuellement, et chez les peuples, collectivement. On en a déjà des aperçus...

- LES STAR BORN, LES ÉLUS(UES) SONT EN ALPHA ET AU-DESSUS DE TOUT ÇA : C'EST...

« NOUS-AUTRES »

CHAPITRE XIV

LA PUISSANCE
DE LA NOUVELLE FORME-PENSÉE

MAITREYA nous laisse un Message d'ANTARION qui dit : « La Nouvelle Forme-Pensée est le Gage de votre Avenir Meilleur. Prenez Conscience de la Nouvelle Force qui vous est maintenant disponible et intégrez-La à l'Essence-Même de votre Être. Apprenez progressivement à vivre avec cette Force... apprenez à contrôler cette Puissance... et dirigez-La sur la Création du Beau, du Bien... du Bon... »

Si nous unissons nos pensées, dit **MAITREYA**, nous pouvons refaire la couche d'ozone. Faisons une pyramide autour de la Terre, collectivement... sur une même longueur d'onde... régénérons la couche... La force de la pensée positive collective fera son effet...

Il ne faut plus penser chacun pour soi...

Il faut unir nos pensées dans le même but et dans le Grand Un...

Le Grand Un pour Tous et Tous dans le Grand Un...

Si une personne pense, la puissance de sa pensée est restreinte. L'Énergie de sa pensée va remplir un appartement par exemple...

Si deux personnes pensent en communion de pensée, l'Énergie de leur pensée va remplir et déborder toute une maison...

Si trois personnes pensent en communion de pensée et dans le Grand Un, l'Énergie de leur pensée va remplir et déborder une ville...

Les forces du mal, les forces négatives, les forces des ténèbres ne peuvent pas faire ça. Elles ne pourront jamais avoir la Force du Un, du Grand Un...

Si une personne prie pour elle, qu'elle demande quelque chose, qu'elle visualise mentalement quelque chose de beau pour elle dans sa pensée... cette chose peut possiblement lui arriver. Mais si deux personnes, ou plus, sont réunies sur une même pensée et dans le Grand Un, qu'elles demandent la même chose, elles la crée de toutes pièces; la force, la puissance de leur demande est telle, qu'elle crée l'événement...

CHAPITRE XV

LA PUISSANCE DE LA PENSÉE ET DE L'ACTION POSITIVES

Aussitôt qu'on a une pensée positive, on est relié au Grand Un.

Les forces négatives, les forces du mal, les forces des ténèbres, elles, n'ont pas de Centrale.

Elles procèdent en mettant des idées négatives dans l'individu pour le déconnecter de la Centrale, pour qu'il n'ait pas la Force ou l'idée de penser positivement.

Les forces négatives font avoir des mirages, des distorsions, des hallucinations, des illusions à l'individu qui croit et qui voit les choses pires qu'elles le sont.

Il ne faut plus se laisser avoir par l'illusion que crée le négatif; la Terre en est remplie en ce moment...

Les forces des ténèbres se réjouissent quand ils réussissent à nous faire paniquer : « elles nous déconnectent de la **SOURCE**... »

Exemples : un couple qui se sépare (« c'est la fin du monde ») ; un pays qui se sépare (« vision d'une catastrophe nationale ») ; quelqu'un qui perd son emploi (« déchéance totale...le chaos... ») ; un adulte qui a un petit kyste (« vision d'une tumeur cancéreuse ») ; une mère de famille qui voit son enfant faire de la fièvre (« il peut être en danger de mort... ») ; la négativité de notre langage (*Le Livre du* MAÎTRE : p. 61-62-63, Éditions Gilles Aussant) ; etc.

On crée par la pensée, par la parole, par les vibrations qu'on dégage. Si on pense, parle ou vibre négativement, on joue le jeu du Malin.

Mais si on pense, parle, vibre positivement, collectivement, centré sur le Un, la Puissance de notre Action, de notre Actualisation, notre Puissance de Réalisation et de Création sont directement reliées à la Grande Centrale Divine, à la Toute-Puissance Divine...

CHAPITRE XVI

QU'EST-CE QU'IL VA FALLOIR FAIRE ET DÉVELOPPER ?

Ces temps difficiles sont un Temps Nécessaire et Préparatoire pour LA NOUVELLE RACE.

(NOUVELLE RACE = Celles et Ceux qui vont avoir commencé à retrouver leurs Pouvoirs Divins du Début... (à l'origine)...)

- À partir de maintenant, il faut être prêt à toute éventualité...

  - il faut commencer à sortir des grandes villes, des grands centres...

  - c'est là qu'il va y avoir de la panique. Ex. : pas d'eau potable, nourriture devenue rare, donc plus chère, ça pourrait très bien ressembler aux temps de crises aiguës, graves...

  - la vie va être beaucoup plus facile dans les petits villages et les petites campagnes...

- 95-96, un crash économique qui touche « les gros »...
  - terrible pour les grosses banques, pour les multinationales...
  - difficile aussi pour les défavorisés... pour les jeunes sur le B.E.S., pour les jeunes sur le chômage...
  - c'est pour la classe moyenne que ça va être le moins pire...
  - on pourrait très bien se voir imposer des « tickets » pour la nourriture après le crash...

- Alors, il faut prévoir :
  - eau potable
  - bois de chauffage
  - *stocker* de la nourriture vivante et surtout des graines pour faire germer et pour semer.

- Les deux ou trois années de temps sombre planent toujours à l'horizon :

temps   + chaud
           + froid
           + humide.

CHAPITRE XVII

PLEIN DE NÉGATIF PEUT ÊTRE ÉVITÉ

Il y a quand même un adoucissement, un atténuement de ce qui devait arriver...

Plus il y a de monde « branché » positivement, plus les problèmes sont repoussés et éliminés même...

Ça se compare à un cancer pris à temps...

Avec les Énergies de la **Porte 11 : 11** et le positivisme des gens, de plus en plus de gens transforment tout négatif à venir...

- Il faut
  développer ses vibrations
  élever ses vibrations
        dans le contact avec Le Grand Un.

- Il va falloir travailler ses super-facultés, par exemple, développer sa télépathie :
  - plus ça va aller, moins on va parler...
  - on va voir... savoir... sentir... ressentir... pressentir...
  - les problèmes de communication vont disparaître de plus en plus, mais, il va falloir travailler...

- Il va falloir apprendre à être à l'écoute : « ILS ONT DES YEUX ET NE VOIENT PAS, DES OREILLES ET N'ENTENDENT PAS »...

- Il va falloir apprendre à être de plus en plus dans le silence pour pouvoir voir et entendre l'essentiel :

- Arrêter de regarder la télé, des vidéos... d'écouter la radio, la musique, de lire les journaux... et s'en tenir au strict minimum, pour comprendre le monde extérieur...

- Apprendre à rayonner de tout son Être...

- Sentir à chaque instant la Lumière Divine que l'on est, en être conscient à chaque instant...

- Apprendre à voir le beau, le divin qu'il y a dans les autres...

- Apprendre à pardonner à ceux qui nous ont fait du mal, pour arrêter « La Roue Karmique »...

- Créer un égrégore positif et infiniment puissant, pour défaire le mal, et semer le beau... le bien... et le bon...

- « Tout ce qu'il y a de négatif dans votre électrum planétaire pourrait ne pas arriver si l'humanité s'unissait sur une même longueur d'onde branchée sur LA SOURCE... sur LE GRAND UN... sur LE DIVIN... », dit MAITREYA.

CHAPITRE XVIII

APPRENDRE À TRAVAILLER
AVEC LA HIÉRARCHIE SPIRITUELLE

- Il va falloir apprendre à travailler avec la Hiérarchie Spirituelle...
  - avec Dieu...
  - avec les Êtres de Lumière les plus Divins...
  - avec les Archanges, les Anges, les Dévas, les Élémentaux...

- On va devoir apprendre à travailler beaucoup avec les Archanges :
  - pour faire le ménage en dedans de soi
  - pour ressentir la paix dans chacune de nos cellules...

- Il va falloir apprendre à vivre en paix avec les autres, malgré le passé (dans notre vie actuelle...) (mais aussi dans nos vies antérieures...)...

- La Terre va se nettoyer... et Celles et Ceux qui restent aussi...

- Les Êtres Négatifs vont   s'auto-détruire,
  ou s'entre-détruire,
  ou vont être balayés...

- Nous n'irons pas nous mettre entre deux personnes qui véhiculent de la haine, de l'agressivité, de la destruction...
  Ex. : AU MOYEN-ORIENT : LES EXTRA-TERRESTRES NE VEULENT MÊME PLUS Y ALLER...

CHAPITRE XIX

L'ÉDUCATION
VA COMMENCER À CHANGER BEAUCOUP

- Les Êtres Positifs vont se rassembler, s'unir, se tenir...

- L'éducation va complètement changer :

  - la façon d'enseigner aux enfants va changer...

  - des personnes, des Êtres éclairés, des messagers vont recevoir l'Enseignement et le dispenser aux jeunes :
    - quoi leur donner...
    - quand leur donner...
    - comment leur donner...

  - et ça va d'abord commencer à la maison : il se pourrait très bien que les enfants n'aillent pas à l'école publique pendant un certain temps (le temps de la noirceur); beaucoup de gens n'oseront pas envoyer leurs enfants à l'école si le temps de la noirceur se présente; ils vont préférer les garder à la maison ou au « Centre »... et l'enseignement va être très différent...

- Voici un exemple de ce qui va être enseigné :
  à 5-6 ans, on va apprendre à l'Enfant à
  - aller voir La Lumière en-dedans de Lui...
  - à se connecter sur Le Grand Un...
  - à aller y chercher la Connaissance des Choses
    qu'il a besoin de savoir...
  - pas d'examens...
  - pas de compétition...
  - personne de meilleur ou de plus fin que l'autre...
  - chacun selon sa mesure...
  - les enfants sont tous beaux...
  - ils vont apprendre tout seul en ayant développé,
    au préalable, leurs « super-facultés »...

- Dans les années difficiles, c'est tout le nouveau
  programme qui va être élaboré pour les enfants et
  plein d'autres choses merveilleuses aussi...

CHAPITRE XX

COMMENT ON VA SE SENTIR AVEC NOTRE NOUVELLE ALIMENTATION

MAITREYA veut nous faire vivre plein de choses merveilleuses, nous les faire expérimenter par anticipation...

Comment on va se sentir (au bout de six mois seulement...) avec notre nouvelle alimentation... (fruits, crudités, germes, graines...)...

« Imaginez un arbre... il vente... vous êtes une feuille de cet arbre... le vent la soulève... la feuille se sent légère... Le vent, c'est l'énergie qui entre en vous et qui vous soulève... votre alimentation est bonne et légère... la sève de l'arbre est bonne... la feuille est saine... et elle reste connectée à l'arbre, même si elle bouge... »

CHAPITRE XXI

COMMENT ON VA SE SENTIR AVEC SON NOUVEAU SOUFFLE

MAITREYA veut nous faire expérimenter comment on va se sentir avec son nouveau souffle :
- inspirer les énergies subtiles...
- expirer la lourdeur terrestre...

Notre respiration devient plus profonde... plus longue... comme quelqu'un qui dort d'un sommeil profond ou qui est sous hypnose...

On ressent les ondes Alpha...

Il y a du calme dans ce souffle...

On ressent l'Énergie de Paix...

C'est tout à fait le contraire de l'asthmatique qui a le souffle court.

Nous, notre souffle est sain, facile, agréable, bienfaisant...

CHAPITRE XXII

LIBÉRATION ET CONSCIENCE

MAITREYA veut nous faire voir comment on se sent avec l'Esprit plus dégagé de la lourdeur terrestre : plus de lourdeur... nos idées sont claires... on ressent la légèreté, la subtilité de notre Être...

Imaginez quelqu'un qui a les cheveux gras... pesants... et qui, après les avoir lavés, les sent légers... légers... de la même façon, on se sent libéré... nos cellules cérébrales sont nettoyées par un puissant nettoyeur divin qui dégraisse le cerveau...

Chacune de nos cellules a été nettoyée et devient subtile... notre esprit est plus clair... plus serein... plus vif... ça donne la sensation d'avoir éclairci sa vision... pour ceux qui ont des lunettes, ça donne l'impression d'avoir nettoyé les verres... la graisse part des vitres... tout devient clair... limpide... et se comprend facilement... on devient de plus en plus conscient de « **CE QUI EST...** »

CHAPITRE XXIII

ON SE SENTIRA EN ALPHA

Et comment on se sent en ondes Alpha ?

- On ressent un état de calme...

- On se sent en confiance...

- On se sent détendu comme dans un sommeil profond ou comme en état d'hypnose, quand on est bien dirigé...

- On se sent à l'écoute...

- On se sent attentif, mais sans effort...

- On est réceptif, ouvert...

- On reçoit des messages...

- On les comprend instantanément...

- C'est comme un entonnoir qui descend au milieu de notre 3e œil...

- C'est un canal divin, et en alpha, ce canal est toujours branché...

- Il entretient les communications avec les DIMENSIONS SUPÉRIEURES...

CHAPITRE XXIV

VOIR LA LUMIÈRE QUE L'ON DÉGAGE... ET VOIR LA LUMIÈRE DES AUTRES...

MAITREYA nous invite à voir la Lumière que l'on dégage...

Imaginons, AU CENTRE DE NOTRE ÊTRE, une petite flamme :

- c'est notre Étincelle Divine...

- cette flamme devient un rayonnement qui dépasse notre corps physique... comme une chandelle, comme un lampion dans une grande cathédrale, la nuit...

- cette flamme devient un brasier ardent lorsque connectée au Grand Un... et nourrie par la Lumière Dorée, par l'Énergie de la Hiérarchie...

Nous dégageons toutes et tous une Belle Lumière...

Prenons de plus en plus conscience de ça...

MAITREYA nous invite aussi à voir la Lumière des autres :

- Imaginons un lampion...

- Regardons la flamme de la chandelle qui prend la couleur du verre qu'il y a autour...

- Il en est ainsi du rayonnement spécial de chaque Être...

- On voit l'unicité de cet Être... son exclusivité... cela ne concerne pas que son aura que l'on peut finir par voir... mais on peut voir... c'est-à-dire, sentir tout l'Être que l'on a devant soi... voir la perle unique que l'on a devant soi... ses empreintes sont uniques et exclusives... son Être Divin est exclusif...

CHAPITRE XXV

NOUS ALLONS DÉVELOPPER LA CONSCIENCE DE TOUT CE QUI NOUS ENTOURE

À compter de maintenant, nous allons voir ce qui est, avec d'autres yeux...

Regardons un humain... un animal... une fleur... une pierre... et regardons-les maintenant, comme des Êtres qui évoluent... **COMME DES ÉNERGIES QUI ÉVOLUENT**... Ils ont pris ces formes-là, mais c'est pour cheminer... Dans la matière, c'est-à-dire dans les trois premières dimensions, tout est « Énergie condensée »...

Mais, il existe aussi toutes les Énergies Subtiles (que l'on appelle les Élémentaux...) qui sont là pour prendre soin des différents règnes...

Les Élémentaux sont l'Énergie-même des Êtres des trois premières dimensions... c'est ce qui fait que la pierre est pierre... c'est ce qui fait que la fleur est fleur... C'est cette Énergie qui leur permet d'Être... Ces Élémentaux proviennent d'une Énergie Plus Grande... Ces Élémentaux sont les Étincelles provoquées par l'Explosion de l'Énergie de GABRIEL... On peut les voir semblable aux Étincelles d'un Feu d'Artifice...

CHAPITRE XXVI

RESSENTIR LA PAIX DÈS AUJOURD'HUI

MAITREYA nous invite à ressentir, dès aujourd'hui, la Paix... le Calme... que l'on va ressentir de plus en plus que le temps avance...

- Imaginons-nous sur un nuage magique...

- On flotte sur ce nuage magique divinement protégé...

- On se sent en confiance totale parce que totalement protégé par le Divin qui s'occupe de Nous...

- Nous ne craignons absolument rien... ni rien, ni personne...

- Nous sommes entourés d'un Cocon de Lumière Dorée, et la Lumière éclaire notre cheminement... dirige nos pas... Elle nous dit quoi faire et comment faire...

- Elle attire sur nous, tel un aimant, tout le positif de la création... et cela nous fait ressentir la confiance... la paix...

CHAPITRE XXVII

COMMENT NOS VALEURS VONT CHANGER

Nos valeurs vont changer de la même façon
que quand on regarde une photo de nous ou de
quelqu'un d'autre... une photo vieille de 10 ou
20 ans, mettons : avant, elle nous faisait telle
impression..., maintenant qu'on la regarde, on a
une tout autre impression... on ne remarque plus
les mêmes choses... avant, c'était la coiffure...
l'habillement... aujourd'hui, on regarde
l'expression... le sourire... la joie... la Lumière
qui sort de la photo... Eh bien! nos valeurs vont
changer de la même façon...

CHAPITRE XXVIII

COMMENT ON SE SENT AU-DESSUS DU TERRESTRE

MAITREYA nous invite à voir comment on se sent au-dessus du terrestre...

Imaginez que vous dirigez une pièce de théâtre...
Eh bien! au-dessus du terrestre, on se sent comme quelqu'un qui dirige une pièce de théâtre... C'est lui qui décide (celui qui dirige) de ce qui se passe dans la pièce... qui décide de ce qui se passe et de la façon que ça va se passer; mais il n'est pas du tout touché personnellement par ce qui se passe... ça ne le dérange pas... ça ne dérange pas ce qu'il est... mais, il veut quand même que la pièce réussisse...

Alors, il donne le maximum pour que ça réussisse... C'est comme ça, se sentir au-dessus du terrestre...

CHAPITRE XXIX

L'AMOUR AVEC UN GRAND « A »

MAITREYA nous invite à ressentir l'Amour Inconditionnel, Parfait, l'Amour avec « UN Grand A »...

« • Maintenant, ressentez la Grande Chaleur au niveau de votre plexus cardiaque...

- C'est l'Énergie d'Amour... et cette Énergie d'Amour fait vibrer chaque cellule de votre Être à l'Unisson de la Création... »...

- On se sent faire partie de la Création...

- On se sent « Être La Création... »

- On ne sent que l'Énergie de ce que l'on est...

- Et, « **NOUS SOMMES AMOUR** »...

CHAPITRE XXX

LE « JE SUIS » ET « L'ÊTRE »

MAITREYA nous invite à ressentir le « JE SUIS »...
Maintenant, en vibrant l'Énergie d'Amour, on
ressent le « JE SUIS... »...

- Visualisons un ballon...

- Nous sommes une cellule de ce ballon...

- En vibrant l'Énergie d'Amour, nous devenons tout
  le ballon...

- Nous pouvons maintenant ressentir tout le ballon
  avec l'Énergie qu'il y a dedans... c'est-à-dire, que
  de notre Cellule Initiale, nous pouvons ressentir
  toute la Création...

C'est ça ressentir le « JE SUIS »...

Et après l'avoir ressenti comme cela est, on peut
ressentir « L'ÊTRE »... ce qui débouche sur LA
CONSCIENCE DE LA CRÉATION...

CHAPITRE XXXI

MAITREYA VEUT MAINTENANT NOUS DIRE QUOI FAIRE ET COMMENT FAIRE POUR NOUS RENDRE À LA PÉRIODE DE TRANSITION DU MILLÉNIUM...

« Je vois **MAITREYA**, je Le sens; je sens aussi **RAPHAËL**... **CHAMUEL**... **GABRIEL**... Ils sont là pour apporter leur Énergie et pour créer une atmosphère spéciale...

J'écoute **MAITREYA**, dit **MANÃ**, et Il me dit plein de choses, mais avant de commencer à les redire, je vais Le laisser terminer pour avoir une idée complète de tout ce qu'Il a à nous dire... Ça a rapport avec la Période de Transition du Millénium...

Bon! Il veut nous dire quoi faire et comment faire pour nous rendre à la Période de Transition du Millénium... » ...

MAITREYA dit que, premièrement et avant tout, il faut vraiment vouloir vivre... et,

« PAS VOULOIR VIVRE EN PENSANT QUE LA MORT POURRAIT ENCORE NOUS ATTEINDRE »

... mais, bien vouloir vivre en ressentant profondément que, cette fois-ci, nous ne mourrons pas, indépendamment de ce qui pourrait
arriver dans le monde, et aussi, de ce qui pourrait nous arriver à nous; vivre avec le sentiment d'immortalité, même terrestre, même physique...

MAITREYA établit la grande différence qu'il y a entre vouloir vivre, parce qu'on a peur de mourir, et, vouloir vivre, en ressentant la joie de l'immortalité, même physique...

Ceux qui vivent avec la peur de mourir ne sont souvent pas conscients de cette peur-là et font plein de démarches spirituelles pour camoufler cette peur ou pour essayer de l'ignorer. Mais, malheureusement, ces gens-là ne peuvent pas ressentir l'Amour de la Vie, et sont habituellement, aussi, très limités dans leur Esprit, dans leur pensée...

Ces gens-là tournent en rond, dans la 3e Dimension, depuis des millions d'années, et là, dit **MANÃ**, « **MAITREYA** me fait voir le jeu de Parchési où une multitude d'humains se retrouvent constamment en-bas, à la case départ, parce qu'ils tombent toujours sur le fameux grand serpent qui les fait redescendre sans cesse jusqu'en-bas...

Or, dans un autre ordre d'idée, le serpent qui représente la mort fait toujours faire la même chose aux humains lorsqu'ils se retrouvent face à lui. Ils ne pensent pas qu'ils pourraient passer par-dessus le serpent, et ils remeurent à chaque fois, parce que ça fait des millions d'années qu'ils refont toujours le même chemin, et qu'ils acceptent les limites illusoires que le serpent leur fait croire encore à nouveau...

Et pour eux, c'est encore fini...

Ils doivent encore recommencer...

Et, le fait d'avoir peur de la mort donnait de la force au serpent et les humains acceptaient la mort comme étant inévitable, et cet état de choses les empêchait d'avoir le vrai goût de vivre... de vivre en ressentant la joie de l'immortalité, même physique... »

MAITREYA dit qu'il faut maintenant trouver le moyen de passer par-dessus le serpent pour parachever notre évolution dans la 3e Dimension...

Il faut vraiment avoir le goût de vivre quelque chose de nouveau sans savoir ce qui se trouve de l'autre côté du serpent, et ne pas avoir peur de l'inconnu, c'est-à-dire, ressentir la confiance que l'on est « Divinement Protégé », parce qu'il y a Une Partie De Divin en nous…, et la conscience de cette Partie De Divin en nous va nous donner le goût de l'aventure, le goût de dépasser nos limites, nos illusions (c'est la même chose), pour accéder, enfin, à cet État de Bien-Être, de Paix, de Sérénité, de Joie, d'Abondance, de Liberté et d'Amour qui nous donne la certitude que, plus jamais on n'aura à faire face au serpent, et qu'il n'aura plus jamais de pouvoir sur nous…

Or, il y a deux moyens à prendre, dit **MAITREYA**, pour passer par-dessus le serpent :

1 – Suivre la loi naturelle…

2 – Comprendre la loi divine…

CHAPITRE XXXII

SUIVRE LA LOI NATURELLE

Il faut s'organiser pour être en santé, dit **MAITREYA**, et ceci veut dire :

A – Suivre La Loi Naturelle, et suivre La Loi Naturelle veut dire : agir envers notre corps physique en respectant rigoureusement les directives ou le mode d'emploi concernant ce corps physique, c'est-à-dire, faire selon ce qui doit être fait...

Ex. : On ne met pas de la viande dans un moteur qui fonctionne à l'Énergie Solaire...

Le corps physique humain a été conçu pour vivre en harmonie avec la planète, et l'Énergie qui a été créée pour nourrir ce corps humain se retrouve dans le végétal, dans l'eau pure et dans le Soleil...

B – Ça veut dire aussi : donner à notre corps physique les heures de sommeil qui lui sont propres, c'est-à-dire, que vous comprendrez facilement par cet exemple, dit **MAITREYA**, ce que vous devez donner à votre corps :

« Ouvrez vos yeux tout grands dans l'obscurité totale, et vous constaterez que tout ce que vous pouvez y voir, vous pouvez tout autant le voir les yeux fermés, ce qui revient à dire que cette période de noirceur doit être utilisée pour dormir, afin d'y voir mieux une fois le jour venu... »

C – Ça veut dire aussi, faire respirer l'air à notre corps, comme le fait un nouveau-né, c'est-à-dire, respirer par le ventre, pour que la totalité de nos poumons puisse aller chercher le maximum d'oxygène dans notre souffle... cet oxygène rempli d'énergie qui nous provient des végétaux : L'ÉNERGIE VERTE...

D – Ça veut dire aussi, faire circuler l'énergie dans tous ses muscles à l'aide d'exercices non-violents comme : la marche   dans la nature,

en forêt, par exemple,

et en montagne, encore mieux...

parce que ça fait travailler plus de muscles quand tu montes, quand tu descends, quand tu te penches en-dessous d'une branche, quand tu passes par-dessus un tronc d'arbre, etc. et tout ça, fait dans la joie, le calme, la paix intérieure, la sérénité; donc, tout cela ne doit pas être stressant, mais, doit représenter un cadeau, une bénédiction...

CHAPITRE XXXIII

COMPRENDRE LA LOI DIVINE

MAITREYA nous invite à comprendre La Loi Divine qui est Amour dans sa totalité, dans son Essence...

Ce qui nous avait aussi empêché de parachever notre 3e Dimension, c'est qu'on s'était fermé à cette Loi Divine... On a faussé notre vision des choses et on a cru en nos illusions...

On s'est révolté contre notre évolution naturelle...

On pourrait comparer ça à une sorte de virus spirituel qui cherchait à nous stopper...

Ex. : quelqu'un qui vit des problèmes financiers, émotionnels, professionnels, ou autres... et qui réagit en disant : « personne ne m'aime... le ciel m'est tombé sur la tête... j'ai toute la merde du genre humain... le Bon Dieu m'a abandonné... Il a décidé de me punir... ou... Il n'existe tout simplement plus... »...

Il faut arrêter de voir la fatalité, le négatif, dans tout ce qui nous arrive de désagréable...

Il faut réaliser :

- que Tout Ce Qui Est, Est Divin, Est AMOUR...

- que tout ce qui nous arrive, nous arrive pour le meilleur...

- que notre évolution fait partie d'un Grand Plan Divin...

NOUS SOMMES ISSUS DE L'ESSENCE DE DIEU; DONC, NOTRE DESTINÉE EST DE VIVRE LA DIVINITÉ...

Le seul négatif qui puisse nous atteindre est celui auquel nous accordons du pouvoir en y croyant...

Par contre, voir que **TOUT EST AMOUR DANS NOTRE VIE** nous permet d'aller très loin...

Par exemple, ça nous permet de voir que les autres qui nous entourent sont **AMOUR**, eux aussi, que tout ce qu'ils disent et que tout ce qu'ils font est le reflet de leur État d'Âme... que la méchanceté, comme telle, n'existe pas..., et que tout ce qui nous semble effrayant, épouvantable, est finalement le résultat d'un manque d'Amour envers soi-même...

Prenons l'exemple d'un homme qui bat sa femme ou ses enfants. Un homme qui bat sa femme ou ses enfants est, en réalité, un homme qui ne s'aime pas et qui se battrait lui-même; mais, vu que l'humain a tendance à reproduire à l'extérieur ce qu'il ressent à l'intérieur, il projette sa propre violence sur les autres, et cette violence représente un cri :
« AU SECOURS!... »

En réalité, vu que cet homme est incapable de s'aimer, il est inconsciemment révolté devant quelqu'un qui peut l'aimer, et le plus souvent, il va battre la ou les personnes qui l'aiment le plus, soit : sa femme ou ses enfants...

Il faut donc commencer par réaliser que cet homme manque d'Amour envers lui-même, qu'il souffre dans son Âme, parce qu'il ne croit plus en l'Amour, parce qu'il a oublié La Loi Divine...

La seule façon d'aider cette personne est de le laisser se retrouver seul, face à lui-même, parce que s'il ne peut plus extérioriser sa souffrance sur quelqu'un d'autre, il sera obligé de se regarder en face et de se voir...

À ce moment-là, il va passer des moments très difficiles avant de parvenir à chasser la souffrance qui l'empêchait de voir le Beau, le Bien et le Bon en Lui...

Il est le seul à pouvoir s'aider lui-même, et

« S'IL NE SE RETROUVE PAS SEUL AVEC LUI-MÊME, CE QU'IL EST EN DEDANS DE LUI RESTERA TOUJOURS UN ÉTRANGER POUR LUI... »

Quand il aura appris à se connaître, il apprendra à s'aimer en même temps, et tout sera rentré dans l'ordre...

En étant conforme à la Loi Divine, en ressentant que tout est Amour dans notre vie, on peut réagir efficacement pour aider les gens qui vivent des manques d'Amour envers eux-mêmes...

« Au lieu de se sentir victimes d'injustice de leur part, on puisera plutôt dans l'Amour, toute l'Énergie nécessaire pour les aider... »...

« C'est dans cette Énergie, dans cet état d'Esprit, que vous parviendrez à vivre votre 3e Dimension dans la Joie, dans la Paix, dans l'Harmonie..., dit **MAITREYA**... C'est cette Loi Divine qui vous nourrit et qui vous fait grandir spirituellement... »...

« LA LOI DIVINE
N'EST PAS FAITE DE
COMMANDEMENTS
OU DE RESTRICTIONS,
ELLE EST LA SOLUTION
À TOUTES CHOSES. »

CONCLUSION

Pour conclure, **MAITREYA** nous dit que tous ceux qui veulent faire partie du Millénium auront beaucoup de travail personnel à faire...

Cependant, « IL NE FAUT PAS PENSER QU'IL FAILLE ÊTRE PARFAIT » pour en faire partie... Ceux qui ont le désir profond d'avancer, de comprendre, de grandir en sagesse, auront la grande joie de participer à la Période de Transition qui nous mène au Millénium...

Il faudra, bien sûr, apprendre à se connaître comme ENTITÉ DIVINE, apprendre à respecter les lois qui sont à la base de notre vie, pour pouvoir entrer, par la suite, dans cette Période de Transition où l'organisation sera d'ordre collectif. Il est facile de comprendre que si chaque individu est bien connecté, bien branché, ce sera plus facile, par la suite, de connecter tout un groupe comme faisant UN, c'est-à-dire, L'UNITÉ DE TRANSITION : L'ESCOUADE DE TRANSITION...

« Le cheminement que vous faites vous amène vers UN MIEUX-ÊTRE, DIT MAITREYA... Il y a tellement longtemps que vous aspirez à cette Liberté, cette Vraie Liberté, que vous êtes maintenant prêts à faire les pas, à le faire ce cheminement... »

ET LÀ, MAITREYA MONTRE
À MANÃ UN CHEMIN...
... UNE VOIE DORÉE...

« ÇA, C'EST LE CHEMIN QUE VOUS AVEZ
DÉCIDÉ DE PRENDRE, ET J'AVANCE
AVEC VOUS DANS CE CHEMIN, ET JE
CONTINUE DE VOUS APPORTER LES
ENSEIGNEMENTS QUI STIMULENT EN
VOUS : LE GOÛT DE L'ÉTERNITÉ ET DE
L'INFINI...

J'AI TANT DE CHOSES À VOUS DIRE, ET,
VOUS AVEZ TANT DE CHOSES À VIVRE...
ET TOUT ÇA EST MERVEILLEUX...

VOUS ÊTES MES BIEN-AIMÉS...
JE VOUS ENTOURE DE LUMIÈRE DORÉE...
ET JE PRENDS SOIN DE VOUS... »

DU MÊME ÉDITEUR

Distribués dans toutes les librairies du Québec.

Ateliers spécialisés de croissance personnelle et d'évolution spirituelle dans le cadre des enseignements de MAITREYA

Je peux aller donner, chez vous, dans votre région, les ateliers suivants :

- relaxation – auto-détente – auto-régénérescence
- radiesthésie
- magnétisme
- auto-hypnose – auto-programmation
- énergies archangéliques – les rayons – les couleurs
- voyage hors-corps
- lecture de l'aura
- clairaudience
- télékinésie
- télépathie
- clairvoyance
- croissance personnelle...

Je donne aussi une conférence par mois à St-Damien-de-Brandon, à Trois-Rivières et à Black Lake. Pas besoin de prérequis pour participer à ces ateliers et à ces conférences. Si vous êtes intéressés, appelez-moi au **(514) 835-2131**.

À bientôt!

MAITREYA II
GILLES AUSSANT

BONJOUR !

Vous pouvez faire quelque chose pour moi et je peux faire quelque chose pour vous...

Je suis prêt à venir vous donner ces ateliers dans votre région, s'il y a un groupe suffisant de personnes intéressées...

Ces ateliers se donneraient les samedis et les dimanches, de 10:00 à 17:00, et, peut-être, exceptionnellement, par les soirs (selon les disponibilités).

Un merveilleux choix d'ateliers des plus diversifiés vous est offert et ces ateliers sont à la portée de tout le monde...

Si vous désirez un ou plusieurs de ces ateliers, ou de plus amples informations, contactez-moi au **514-835-2131**.

1. **Atelier de relaxation**
   (techniques; 1 journée)
   Détente; gestion du stress...
   Ré-énergisation, motivation...
   Auto-détente, auto-régénérescence

2. **Atelier de radiesthésie**
   (baguettes radiesthésiques, pendule; 2 journées)
   Comment retracer une personne ou un animal porté disparu; comment retrouver un objet perdu; localiser une veine d'eau pour creuser un puits. On peut même faire de la prospection sur une carte géographique ou sur le terrain même... etc.

3. **Atelier de magnétisme**
   (2 journées)
   Comment s'énergiser; comment se protéger; comment énergiser les autres; comment développer un beau rayonnement personnel, etc.

4. **Atelier d'auto-hypnose ou d'auto-programmation**
(3 journées)
Contre le mal physique, moral, émotionnel, et pour développer des facultés nouvelles...

5. **Les Énergies Archangéliques**
(Les Rayons, les Couleurs; 7 journées)
Développer « nos pouvoirs » en travaillant avec les Énergies Archangéliques... : Les 7 Énergies les plus puissantes du Cosmos...

6. **Les voyages hors-corps**
(1 journée)
« Je vais vous enseigner comment faire sortir votre esprit de votre corps... (voyage astral et plus...)

- Pourquoi faire sortir votre esprit de votre corps...
- Dans quel état d'esprit vous devez être avant de faire cet exercice... protection...
- Les trois types de voyage
- Et je vais vous guider pour faire cet exercice... (13 étapes)»

7. **Comment voir l'aura**
(1 journée)
« C'est quoi l'aura... Comment voir l'aura... Pourquoi voir l'aura... » Il est aussi important de voir l'aura que de voir avec ses yeux physiques... « L'aura nous révèle tout d'un être... »

Il y a deux façons de voir l'aura :
1 –   la façon technique (7 étapes)
2 –   la façon sensitive (4 étapes)

8. La clairaudience

(1 journée)

Je vous invite à redécouvrir votre capacité de décoder le message qu'il y a dans une vibration sonore, c'est-à-dire à redécouvrir votre « clairaudience » :

1. C'est quoi la clairaudience
2. Comment développer la clairaudience ? (4 étapes)
3. Pourquoi développer la clairaudience ? (les très nombreuses applications)

La clairaudience se fait sentir par la voix... par les bruits, les sons... par le langage corporel sonore... par le souffle... par la musique...

On peut décoder le vent et les sons comme le font les animaux... On peut décoder le chant ou le cri des oiseaux et des animaux... On peut, par la clairaudience, savoir ce qui se passe dans le monde... prévoir le climat des saisons, prévoir le climat social, etc...

La clairaudience vient nous permettre de vivre en harmonie avec les gens, avec les animaux, les végétaux...

Elle nous permet « d'avoir des oreilles et d'entendre... »

Grâce à la clairaudience, on entend l'essentiel... on entend ce qui est vrai...

Enfin, **MAITREYA** nous propose une série de « 10 exercices de sensitivité » pour évaluer notre degré de clairaudience (aussi bien que notre degré de clairvoyance, car les deux vont ensemble)...

9. La télékinésie
(1 journée)

« Je veux vous montrer comment faire de la télékinésie... »

- La télékinésie selon vous...
- La vraie nature de la télékinésie...
- Le processus de la télékinésie...
- Comment fermer une porte par télékinésie...
- Vous avez fait de la télékinésie quand vous étiez bébé...
- Comment développer la télékinésie (4 étapes)...
- Un des exercices les plus simples en télékinésie...
- Quelle est l'Énergie qui fait bouger les objets...
- Pourquoi développer la télékinésie...
- Où sont les Terriens les plus forts en télékinésie...
- En l'an 2020, des Centrales Énergétiques très puissantes composées d'Humains...
- Les Pyramides... Les Extra-Terrestres...
  Les Vaisseaux Spatials...
- Directives et MANTRUM DE LA TÉLÉKINÉSIE...

10. La télépathie
(1 journée)
- Définition de la télépathie...
- Comment développer la télépathie...
- Exercices de visualisation...
- Comment tomber sur une même longueur d'ondes...
- Les fils de la télépathie...
- L'Énergie de la télépathie...
- Les trois étapes de la télépathie...
- Pourquoi développer la télépathie...
- Tout ce que nous permet la télépathie...
- L'accès direct au GRAND LIVRE DE L'UNIVERS...

11. La clairvoyance
(1 journée)
- Qu'est-ce que la clairvoyance ?
- Comment faire de la clairvoyance ?
- Un test pour évaluer son degré de conscience.
- Les étapes du développement de la clairvoyance.
- Un test de Voyance pour développer sa sensitivité.
  (15 exercices) (apporter du papier et un crayon).
- La Puissance des Énergies Archangéliques dans le développement de la clairvoyance.
- Pourquoi faire de la clairvoyance ?

AUSSI, MAITREYA NOUS OFFRE

12. Une toute nouvelle approche de croissance personnelle et spirituelle

MAITREYA nous propose d'atteindre un ÉTAT DE BIEN-ÊTRE, DE JOIE, DE CONFIANCE EN SOI, PAR LA DÉCOUVERTE DE NOS FORCES INTÉRIEURES, en venant chercher les outils qui permettent une croissance personnelle harmonieuse.

1. Découvrir nos origines, notre beauté intérieure, notre pouvoir de discernement et de libre-arbitre...

2. Découvrir l'énergie qui nous anime, qui nous motive, qui nous épanouit, qui nous fait grandir...

3. Découvrir nos forces personnelles, individuelles... (GABRIEL)

4. Venir chercher les techniques qui nous permettent de nous réénergiser, d'aller chercher l'énergie particulière qui aide quelqu'un à traverser n'importe quel événement (mortalité, dépression, maladie, échec, solitude, séparation, divorce, etc.)... (URIEL)

5. Comment conserver notre PAIX INTÉRIEURE dans chaque événement du quotidien... (MICHAËL)

6. Développer des techniques de détente, de relaxation, de méditation, d'écoute de soi et de concentration...

7. Découvrir une nouvelle façon de voir l'autre qui va faciliter un meilleur rapport avec l'autre, et établir un climat de paix dans le milieu... (RAPHAËL)

8. Notre lien avec LA TERRE, avec LE COSMOS... (CHAMUEL)

9. Comment nous déprogrammer au négatif du passé : non-confiance, insécurité — sentiments de culpabilité — dévalorisation personnelle — manque d'estime de soi, etc... (ZADKIEL)

10. Où les valeurs actuelles mênent-elles les Humains ? En contrepartie, comment découvrir LE BUT ULTIME qui vibre en nous-mêmes...

Pour cette nouvelle approche de croissance personnelle et spirituelle (12), tous ces ENSEIGNEMENTS DE MAITREYA seront reçus, sur place, en direct, via la Messagère MANÃ, MÉDIUM, en collaboration avec l'Instructeur MAITREYA II.

MERCI DE VOTRE ATTENTION !

DITES-LE AUX AUTRES ! À BIENTÔT !

GILLES AUSSANT
MAITREYA II

Achevé d'imprimer en mars 1994
chez Ginette Nault et Daniel Beaucaire
à St-Félix de Valois, Québec